BEI GRIN MACHT SICH IHR WISSEN BEZAHLT

- Wir veröffentlichen Ihre Hausarbeit, Bachelor- und Masterarbeit

- Ihr eigenes eBook und Buch - weltweit in allen wichtigen Shops

- Verdienen Sie an jedem Verkauf

Jetzt bei www.GRIN.com hochladen und kostenlos publizieren

Bibliografische Information der Deutschen Nationalbibliothek:

Die Deutsche Bibliothek verzeichnet diese Publikation in der Deutschen National-
bibliografie; detaillierte bibliografische Daten sind im Internet über http://dnb.d-
nb.de/ abrufbar.

Dieses Werk sowie alle darin enthaltenen einzelnen Beiträge und Abbildungen
sind urheberrechtlich geschützt. Jede Verwertung, die nicht ausdrücklich vom
Urheberrechtsschutz zugelassen ist, bedarf der vorherigen Zustimmung des Verla-
ges. Das gilt insbesondere für Vervielfältigungen, Bearbeitungen, Übersetzungen,
Mikroverfilmungen, Auswertungen durch Datenbanken und für die Einspeicherung
und Verarbeitung in elektronische Systeme. Alle Rechte, auch die des auszugsweisen
Nachdrucks, der fotomechanischen Wiedergabe (einschließlich Mikrokopie) sowie
der Auswertung durch Datenbanken oder ähnliche Einrichtungen, vorbehalten.

Impressum:

Copyright © 2016 GRIN Verlag, Open Publishing GmbH
Druck und Bindung: Books on Demand GmbH, Norderstedt Germany
ISBN: 9783668335752

Dieses Buch bei GRIN:

http://www.grin.com/de/e-book/343244/ernaehrungsempfehlungen-bei-hiv

Sven-David Müller

Ernährungsempfehlungen bei HIV

Ernährung bei HIV-Infektion und AIDS

GRIN Verlag

GRIN - Your knowledge has value

Der GRIN Verlag publiziert seit 1998 wissenschaftliche Arbeiten von Studenten, Hochschullehrern und anderen Akademikern als eBook und gedrucktes Buch. Die Verlagswebsite www.grin.com ist die ideale Plattform zur Veröffentlichung von Hausarbeiten, Abschlussarbeiten, wissenschaftlichen Aufsätzen, Dissertationen und Fachbüchern.

Besuchen Sie uns im Internet:

http://www.grin.com/

http://www.facebook.com/grincom

http://www.twitter.com/grin_com

Ernährungsempfehlungen bei HIV-Infektion in Wissenschaft und Praxis

Wasting Syndrom und Lebensmittelinfektionen vermeiden sowie Immunmodulation ermöglichen

von Sven-David Müller

Inhalt

Grundsätzlich gelten für Menschen mit einer HIV-Infektion die gleichen Empfehlungen für eine gesundheitsbewusste Ernährungsweise wie für alle Menschen. Situationsabhängig muss jedoch ernährungstherapeutisch eine Anpassung erfolgen. Dies ist insbesondere notwendig, wenn es zu Erscheinungen der Mangelernährung – insbesondere bei Wasting Syndrom – kommt oder es zu bestimmten Infektionen kommt. Die Kost von HIV-Infizierten sollte eine Lebensmittelinfektion grundsätzlich vermeiden. Nach Angaben des Robert Koch Institutes in Berlin leben in Deutschland rund 83.400 Menschen mit HIV oder dem HIV-Stadium AIDS. Etwa 480 HIV-Infizierte sind 2014 gestorben. Die Zahl der HIV-Neuinfektionen im Jahr 2014 wird auf 3.200 geschätzt und bleibt damit gegenüber 2013 unverändert[i].

In allen Stadien einer HIV-Infektion – insbesondere im Stadium AIDS - ist eine individuell anzupassende Ernährungstherapie angezeigt. Es gilt aber nicht in erster Linie eine Immunmodulation dadurch hervorzurufen, sondern vielmehr den Ernährungszustand zu optimieren und den Ernährungsnotwendigkeiten der Infektionskrankheit Rechnung zu tragen. Insbesondere der Veränderung der Körperzusammensetzung und der praktisch immer früher oder später eintretenden Gewichtsabnahme und Kachexie (Wasting Syndrom) gilt es vorzubeugen oder durch künstliche Ernährung gegen diese vorzugehen. Einer Vielzahl von wissenschaftlichen Studien zufolge entwickeln HIV-positive Menschen mit gutem Ernährungszustand (Mikro- und Makronährstoff-Status und Gewicht) deutlich später klassische AIDS-Symptome als mangelernährte HIV-Infizierte. Dies schreibt auch die Deutsche Gesellschaft für Ernährung (DGE) e. V. in ihren Beratungsstandards. Eine qualifizierte Ernährungsberatung für HIV-Infizierte ist daher in allen Stadien der Infektion beziehungsweise der Erkrankung sinnvoll[ii] und notwendig. Für eine qualifizierte Diät- und Ernährungsberatung stehen in Deutschland ausreichend staatlich anerkannte Diätassistenten im klinischen Bereich oder in niedergelassener Praxis zur Verfügung. Das Deutsche Kompetenzzentrum Gesundheitsförderung und Diätetik schätzt, dass in Deutschland mindestens 14.000 staatlich anerkannte Diätassistenten ausschließlich oder teilweise in der Diät- und Ernährungsberatung tätig sind.

Vermeidung der Mangelernährung geht vor

Bevor seitens des Therapeuten über die immunmodulatorische Potenz von beispielsweise Gesten-Beta-Glucanen, Zinkpräparaten, Omega-3-Fettsäuren aus maritimer Quelle oder Leinöl (etc.) nachgedacht wird, muss insbesondere der Energie- und Proteinbedarf beim HIV-

Infizierten gedeckt sein, um einer Mangelernährung und insbesondere dem Wasting Syndrom vorzubeugen. Ungewollter Gewichtsverlust ist bei HIV-Infizierten eine besonders häufige unerwünschten Begleiterscheinungen sein. Er ist insbesondere charakteristisch für die Phase der Sero-Konversion, also der Phase, in der erstmals Antikörper gegen das HIV-Virus festgestellt werden. Auch bei bestehenden opportunistischen Infektionen (Infektionen, die bei geschwächtem Immunsystem durch Bakterien, Viren, Parasiten oder Pilze verursacht werden) nehmen fast alle HIV-Infizierte häufig extrem an Körpergewicht ab. Im Stadium AIDS ist ein teilweise deutliches Untergewicht die Regel.

Ernährungsstatus regelmäßig erfassen

Bei allen HIV-Infizierten muss der Ernährungsstatus, das Gewicht und die Körperzusammensetzung regelmäßig erfasst und dokumentiert werden. Leider haben sich Körpergewicht und reine Anamnese (anamnestischer Gewichtsverlust und davon abgeleitete Parameter) in Studien als wenig zuverlässige Prognoseparameter für die Mangelernährung herausgestellt. Der Verlust an Muskel- und Organgewebe wird oft durch die Zunahme der extrazellulären Flüssigkeit und/oder des Fettgewebes "kaschiert"[iiii]. Daher muss der Ernährungsstatus auch durch andere Verfahren bestimmt werden. Der ungewollte Gewichtsverlust geht bei HIV-Infektionen in der Regel mit einer Mangelernährung einher, die den Krankheitsverlauf ungünstig beeinflusst. Jeder Abbau von Muskel- und Organgewebe führt zu einer Verschlechterung des Allgemeinzustands und der Leistungsfähigkeit der Patienten. Die regelmäßige Beobachtung des Körpergewichts und der Körperzusammensetzung ist daher für HIV- und AIDS-Patienten besonders wichtig. Verliert der Patient binnen drei Monate über fünf Prozent seines Ausgangsgewichts und fällt sein Body-Maß-Index unter 21, dann sollte überprüft werden, ob gegebenenfalls eine Anpassung der Ernährungstherapie mit Substitutionstherapie und/oder künstlicher Ernährung notwendig ist.

Ernährungstherapie bei HIV-Infektion

Falls der HIV-infizierte Patient (noch) normal essen und trinken kann, empfiehlt die Deutsche Gesellschaft für Ernährungsmedizin (DGEM) in ihren Leitlinien eine abgestufte Ernährungstherapie zum Gewichtsaufbau und zur Verbesserung der Körperzusammensetzung (Vermeidung von Abbau der Magermasse – Lean Body Mass).

Dafür bekommt der Patient zusätzlich zur Normalkost eine energiereiche Trinknahrung (Zusatznahrung). Sondenernährung oder letztlich auch parenterale Ernährung, also die Zufuhr der Nährstoffe über einen Venenzugang, können die nächsten Stufen sein. Der Ernährungszustand kann den Verlauf einer HIV-Infektion und der AIDS-Erkrankung mit bestimmen. HIV-Infizierte sollten deshalb so früh wie möglich ernährungstherapeutisch beraten und betreut werden, sodass es möglichst zu keiner Abnahme der Muskelmasse kommt. Die Erhaltung der Körpermasse (insbesondere Magermasse) ist entscheidend für die Überlebensrate mitverantwortlich. Zur Ernährungstherapie gehört heute auch die Heim-enterale oder -parenterale Ernährungstherapie, die von spezialisiertem Pflegepersonal mit Unterstützung von staatlich anerkannten Diätassistenten oder darauf spezialisierten Ernährungswissenschaftlern mit ernährungsmedizinischer Ausbildung durch Home-Care-Teams durchgeführt wird[iv]. Grundsätzlich ist eine ausreichende Energiezufuhr auch und gerade bei HIV-Infizierten zu gewährleisten. Der Energiebedarf von gesunden normalgewichtigen Erwachsenen liegt laut DACH-Referenzwerten bei 1.800 Kilokalorien (Frauen) 2.300 Kilokalorien (Männern) bei geringer körperlicher Aktivität[v]. Im Rahmen einer HIV-Infektion ist bei Nicht-Bettlägerigen Personen mit normaler Körpertemperatur von einem erhöhten Energiebedarf auszugehen. Wenn einem Wasting Syndrom mit Untergewicht vorgebeugt oder dieses behandelt werden soll, ist von einem noch höheren Energiebedarf auszugehen.

Ziele der Ernährungstherapie bei HIV-Infizierten
- Bedarfsdeckung oder Ausgleich von Mangelzuständen (Mikro- und Makronährstoffe)
- Optimierung des Ernährungszustandes
- Erhalt der Magermasse (Lean Body Mass)
- Verträglichkeit der antiretroviralen Therapie verbessern
- Gastrointestinale Beschwerden (Diarrhoe, Oberbauchbeschwerden und Übelkeit) vermindern/vermeiden

Ursachen des Gewichtsverlustes und der Mangelernährung
Ein besonders häufiger Grund für einen Gewichtsverlust und/oder eine Mangelernährung (Malnutrition) bei HIV-Infektionen sind auch Kau- und Schluckbeschwerden. Für die davon betroffenen ist es hilfreich, weiche und pürierte Speisen zu verzehren und/oder zu trinken.

Auf scharfe Gewürze wie Chili, Ingwer oder Produkte wie Senf, Meerrettich oder Tabasco und natürlich heiße oder saure Speisen sollte weitestgehend verzichtet werden. Die Verträglichkeit ist von Patient zu Patient unterschiedlich. Daher ist es sinnvoll, die individuelle Verträglichkeit mit einem Ernährungs- und Beschwerdetagebuch festzustellen. Durch den in Milch und vielen nicht gesäuerten Milchprodukten enthaltenen Schleimzucker (Galaktose als Bestandteil des Disaccharids Laktose, die aus Glukose und Galaktose besteht) wird Schlucken erschwert. Dagegen werden Kamillen- und Pfefferminztee häufig als angenehm empfunden. Viele HIV-Infizierte leiden unter mangelndem Appetit. Aus ernährungstherapeutischer Sicht ist es hilfreich, viele kleine Mahlzeiten (alle 2-3 Stunden über den Tag verteilt – bis zu 6 Mahlzeiten täglich) zu sich zu nehmen und vor allem den Patienten essen zu lassen, was er gerne isst, sofern nicht die genannten Regeln verletzt werden.

Körpergewicht, Körperzusammensetzung und Ernährungsstatus

Das Körpergewicht von HIV-Infizierten Menschen sollte im Bereich des Normalgewichts liegen. Der Body Mass Index (BMI: Körpergewicht in Kilogramm geteilt durch Körperlänge in Metern zum Quadrat) sollte demzufolge zwischen wenigstens 18,5 und 24,9 liegen. Leichtes Übergewicht ist nicht schädlich. Zudem sollte bei HIV-Patienten die Körperzusammensetzung (Body Composition) mittels bioelektrischer Impedanzanalyse initial und im Verlauf regelmäßig überprüft werden [vi]. Typisch für die unbehandelte HIV-Infektion ist der vergleichsweise frühe Verlust an Strukturproteinen, der sich in einem Verlust der fettfreien Masse (LBM – Lean Body Mass= Magermasse) oder genauer der Körperzellmasse (BCM) widerspiegelt[vii]. Erniedrigte Albumin- und Transferrinserumspiegel sind bei HIV-infizierten Patienten ebenso wie verminderte Körperzellmasse mit einer schlechteren Prognose korreliert[viii] und sollten regelmäßig untersucht werden.

BMI-Grenzwerte für Erwachsene (18 Jahre und älter)

Die WHO (World Health Organisation) legt die Grenzwerte für den BMI von Erwachsenen (18 Jahre und älter) folgendermaßen fest[ix]:

BMI Grenzwerte	Kategorie
unter 18,5	Untergewicht
18,5 bis 24,9	Normalgewicht
25,0 bis 29,9	Übergewicht, leichtes Übergewicht
30,0 bis 34,9	Adipositas Grad I, moderate Adipositas
35,0 bis 39,9	Adipositas Grad II, starke Adipositas
≥ 40,0	Adipositas Grad III, extreme Adipositas

Wasting-Syndrom bei HIV-Infizierten

Unter dem Wasting Syndrom ist eine ungewollte Gewichtsabnahme um mindestens 10 Prozent des vorherigen Körpergewichts, die mit persistierenden Diarrhoen und in vielen Fällen der Kombination aus Fieber und/oder Abgeschlagenheit unklarer Genese auftritt. Das Wasting Syndrom gehört zu den AIDS-definierenden Erkrankungen und kann als degenerativ bezeichnet werden. Das Wasting Syndrom kommt insbesondere durch die AIDS-Enteropathie zustande, die mit einer Schädigung der Dünndarmschleimhaut einhergeht und damit zu Resorptionsstörungen der Mikro- und Makronährstoffe führt. Geschmacks- und Geruchsstörungen, Appetitmangel und Übelkeit sowie Tumoren gehören ebenfalls zum Wasting Syndrom [xxi].

Prophylaxe von Lebensmittelinfektionen

Durch die Verschlechterung des Immunstatus, die Mangelernährung und die Veränderungen des Gastrointestinaltraktes (Veränderung der Darmflora – Leacky Gut Syndrom) kann es bei HIV-Infizierten zu Lebensmittelinfektionen kommen. Dem sollte vorgebeugt werden und der Lebensmittelinfektionsschutz ist ein wichtiger Punkt in der ernährungstherapeutischen Beratung durch Diätassistenten [xii]. Im Internet sind eine ausführliche Broschüre und weitere Informationen zu Lebensmittelinfektionen und deren Prophylaxe unter www.bfr.bund.de/cd/674 zu finden.

Tabelle: Häufige Erreger von Lebensmittelinfektionen und deren Vorkommen in Lebensmitteln (Modifiziert nach [xiii]

Erreger	Lebensmittel
Salmonellen	nicht ausreichend (durch-)erhitztes Fleisch, Geflügel, Fisch, Eier, Vorzugsmilch und daraus hergestellte Lebensmittel, wie Cremes, Konditoreiwaren, Mayonnaise, Fleischwaren, Sushi und Speiseeis
Campylobacter	rohes oder nicht ausreichend erhitztes Geflügel oder sonstiges Fleisch (Mett, Hackepeter – rohes Hackfleisch), in Rohmilch, Rohmilcherzeugnisse
Yersinia enterocolitica	rohes Schweinefleisch
enterohämorrhagische Escherichia coli (EHEC)	rohe tierische Produkte, wie Fleisch und Rohmilch, Kontakt zu Wiederkäuern
Listeria	Rohmilch und -produkte, Rohmilchkäse (Weichkäse wie Camembert), rohes Fleisch (z. B. Hackfleisch oder Carpaccio) und rohe Fleischerzeugnisse(Salami, Mettwurst), rohes Gemüse und frische Rohkost-Salate, vakuumverpackte Fleisch- und Fischerzeugnisse, Räucherlachs (etc.), rohe Meeresfrüchte (Austern, Sushi)
Toxoplasmen	unzureichend erhitztes oder behandeltes Fleisch und daraus hergestellte Produkte vom Schwein, von kleinen Wiederkäuern (Schaf, Ziege), Wildtieren und Geflügel, Kontakt mit Katzen und Katzenkot
Noroviren	kontaminierten Salate (grüner Salat, Kartoffel-, Obstsalat), Melonen, Krabben, Muscheln, gekochter Schinken und verunreinigtes Wasser

Lipodystrophien und Veränderung der metabolischen Laborparameter

Bei 30 bis 50 Prozent HIV-Infizierten kommt es Begleiterscheinung im Rahmen der hochaktiven antiretroviralen Therapie. Diese machen sich insbesondere in einem Lipodystrophie-Syndrom deutlich. Dieses ist geprägt von einer Fettumverteilung am Körper sowie metabolischen Veränderungen wie einer Glukosehomöostase-Störung (pathologische Glukosetoleranz und später Diabetes mellitus Typ 2) und erhöhten Triglycerid- und Cholesterolwerten (LDL). Eine Ernährungstherapie kann das Lipodystrophie-Syndrom nicht effektiv behandeln. Hier ist aber in jedem Falle – im Rahmen der Möglichkeiten – eine Muskelaktivierung mittels Kraft- und Ausdauersport sinnvoll. Die metabolischen Veränderungen sind einer diätetischen Therapie zugänglich.

Möglichkeiten der Immunmodulation

Wenn einer Mangelernährung vorgebeugt worden ist, besteht zudem die ernährungstherapeutische Option der Immunmodulation, die vom Effekt auf das Erkrankungsgeschehen aber nicht überschätzt werden darf. Sinnvoll erscheint in jedem Falle die Gabe von Zink. Das Spurenelement Zink ist Bestandteil oder Co-Faktor von mindestens 300 Metalloenzymen und 2.000 Transkriptionsfaktoren, die für die Zellfunktionen essentiell sind[xiv]. Da es im menschlichen Organismus praktisch keine Zink-Speicher gibt, ist eine regelmäßig ausreichende Zufuhr über die Nahrung notwendig. [xv] Die DACH-Referenzwerte empfehlen eine täglich Zink-Zufuhr von 7 Milligramm für erwachsene Frauen und 10 Milligramm für Männer im Altersintervall von 19 bis 65 und darüber hinaus[xvi]. Es ist nicht sinnvoll und verschiedene Fachgesellschaften raten daher auch davon ab, mehr als 30 Milligramm Zink zu substituieren [xvii]. Die immumodulatorischen Effekte von Zink sind wissenschaftlich bestens bestätigt und vor diesem Hintergrund ist es sinnvoll[xviii], die Nahrungszinkaufnahme hinsichtlich der Zufuhrempfehlungen zu optimieren und zusätzlich zwischen 5 bis 20 Milligramm zu substituieren. Bei der Substitution von Mineralstoffen (Mengen- und Spurenelementen) ist wichtig auf die Bioverfügbarkeit zu achten. So ist beispielsweise organisch gebundenes Zink (beispielsweise deutlich besser verfügbar als anorganisch gebundenes Zink (beispielsweise Zinksulfat). Zink wirkt insbesondere antibakteriell, antiinflammatorisch und ist wichtig für eine einwandfreie Funktion des Abwehrsystems. Eine suboptimale Zink-Versorgung steigert die Sensitivität gegenüber Krankheitserregern. Zink beeinflusst die Lymphozytenreifung, Zytokinproduktion,

Antikörper-produzierenden Zellen, T-Helferzellen und die Aktivität natürlicher Killerzellen (NK-Zellen). Im Stadium AIDS einer HIV-Infektion ist der biochemisch wie klinisch nachgewiesene Zinkmangel neben dem Selenmangel das am häufigsten beobachtete Mikronährstoffdefizit. Bei Zink wie auch bei Selen besteht eine Korrelation zwischen der Schwere des Krankheitsbildes oder dem Krankheitsverlauf und dem Ausmaß des Mangels [xixxx].

Nahrungsinhaltsstoffe mit immunmodulatorischen Effekten

- Omega-3-Fettsäuren[xxi] (1 g täglich)
- Zink[xxii] (5 bis maximal 20 mg täglich)
- Beta-Glucane[xxiii]
- 200 µg Selen[xxiv]
- Pro- und Präbiotika wie kaskadenfermentiertes Rechts-Regulat, Brottrunk, Kefir, Kombucha oder unerhitztes Joghurt mit Pektin oder anderen Präbiotika vom Ballaststofftyp in ausreichender Dosierung und mehrfach täglicher Aufnahme/Gabe oder Substitution

Wegen eines erhöhten Bedarfs an Antioxidantien sollten HIV-Infizierte auf eine ausreichende Zufuhr mit den Vitaminen A, C und E sowie den Mineralstoffen Selen und Zink achten und diesbezüglich aufgeklärt werden. In vielen Fällen ist neben einer Ernährungsumstellung auch eine gezielte Substitutionstherapie mit Präparaten, die eine hohe Bioverfügbarkeit aufweisen notwendig. Eine Deckung des Bedarfs kann auch, in Absprache mit dem Arzt, über eine Supplementierung mit entsprechenden Präparaten erfolgen. Dabei ist ausdrücklich von Mega-Dosen abzuraten, weil manche Vitamine in hoher Dosierung immunsuppressiv wirken. Bei nachgewiesenen Mangelzuständen sind auch Vitamin- und Mineralstoff-Präparate verordnungsfähig.

Auch Omega-3-Fettsäuren sind Immunmodulatoren. Hoch dosierte EPA-Aufnahmen hingegen beeinträchtigen die Immunfunktion[xxv] (wieder ein Hinweis darauf, wie problematisch die EPA-Supplementation ist). In Studien führte die Einnahme von Omega-3-Fettsäurereichen Fischölen zu einer Verminderung der T-Lymphozyten Proliferation um bis zu 65 Prozent[xxvi]. ALA wirkt sich hingegen positiv auf das Immunsystem aus[xxvii]. Vor diesem Hintergrund kann zur Steigerung des Immunsystems eine erhöhte Zufuhr von alpha-

Linolensäure erfolgen. Sinnvoller ist die Verwendung von Leinöl im Haushalt. Hervorragende Quellen für ALA sind insbesondere pflanzliche Öle wie Rapsöl, Perillaöl oder eben natives Leinöl, Wilde Beeren und Wildkräuter sowie Walnüsse, die auch gleichzeitig reich an Arginin sind. Wildkräuter und -Beeren scheiden mangels Verfügbarkeit für den normalen Haushalt für die ALA-Zufuhr aus. Walnüsse können in Maßen – täglich eine Handvoll – durchaus empfohlen werden. Jedoch reicht Ihr ALA-Gehalt (9 Prozent) in Vergleich zur Gesamtfettmenge nicht aus. Insbesondere ist der LA-Gehalt (35 Prozent) nicht zu vernachlässigen. In der Praxis kann ALA am effektivsten über Pflanzenöle wie Leinöl aufgenommen werden. Die tägliche Menge sollte zwischen 20 und 40 Gramm Leinöl täglich liegen. Vor dem Hintergrund der aktuellen Studienlage erscheint auch die tägliche Gabe von beta-Glucanen (Beta-1,3/1,6-D-glucan auf Basis von Hefe) sinnvoll [xxviii].

Zusammenfassung: Jeder HIV-Infizierte braucht Ernährungstherapie und -beratung

Da die Prognose insbesondere der fortgeschrittenen HIV-Infektion (Stadium AIDS) vom Ausmaß der Mangelernährung (Körpergewichts-/Körperzusammensetzungs- sowie mikro-/makronährstoffbezogen) beeinflusst wird, kommt der frühzeitigen Ernährungsintervention mit spezifischer Ernährungsberatung eine große Bedeutung zu. In erster Linie muss Mangelzuständen mit einer angepassten Ernährungsweise, zusätzlicher oder kompletter Trink-, Sonden- oder parenteraler Ernährung sowie Substitutionstherapie (Mikronährstoffe etc.) vorgebeugt werden. Eine zusätzliche Immunmodulation erscheint angezeigt, wenn der Ernährungsstatus optimiert ist und bleibt.

Autor:

Sven-David Müller, Master of Science in Applied Nutritional Medicine (Angewandte Ernährungsmedizin)

Staatlich anerkannter Diätassistent und Diabetesberater der Deutschen Diabetes Gesellschaft (DDG)

1. Vorsitzender des Deutschen Kompetenzzentrum Gesundheitsförderung und Diätetik e.V.

Heinersdorfer Straße 38

12209 Berlin-Lichterfelde

www.svendavidmueller.de

www.dkgd.de

sdm@svendavidmueller.de

Literatur/Quellen:

Diätetik und Ernährungsberatung, Hrsg. Eva Lückerath und Sven-David Müller, Haug Verlag, 2015

Berufs- und Beratungspraxis für Diätassistenten und Ernährungswissenschaftler, Hrsg. Sven-David Müller, Mainz Verlag Aachen, 2015

---

[i] https://www.rki.de/DE/Content/Service/Presse/Pressemitteilungen/2015/08_2015.html

[ii] http://www.pharmazeutische-zeitung.de/index.php?id=33163

[iii] http://www.awmf.org/uploads/tx_szleitlinien/073-012.pdf

[iv] https://www.thieme-connect.com/products/ejournals/html/10.1055/s-2004-833695?lang=de

[v] https://www.dge.de/presse/pm/wie-viel-energie-braucht-der-mensch/

[vi] https://www.ncbi.nlm.nih.gov/pubmed/9436167

[vii] Süttmann U, Ockenga J, Selberg O, Hoogestraat L, Deicher H, Müller MJ. Incidence an prognostic value of malnutrition and wasting in human immunodeficiency virus-infected outpatients. J Acquir Immune Defic Syndr Hum Retrovirol 1995; 8: 239-246

[viii] Suttmann U, Ockenga J, Selberg O, Hoogestraat L, Deicher H, Muller MJ. Incidence and prognostic value of malnutrition and wasting in human immunodeficiency virus-infected outpatients 8. J Acquir Immune Defic Syndr Hum Retrovirol 1995; 8: 239-246

[ix] http://www.gbe-bund.de/gbe10/abrechnung.prc_abr_test_logon?p_uid=gast&p_aid=0&p_knoten=FID&p_sprache=D&p_suchstring=12869

[x] http://www.awmf.org/uploads/tx_szleitlinien/073-012.pdf

[xi] https://www.hiv-symptome.de/opportunistische-infektionen/wasting-syndrom/

[xii] https://www.deutsche-apotheker-zeitung.de/daz-az/2011/daz-48-2011/hiv-und-ernaehrung-eine-herausforderung

[xiii] http://www.pharmazeutische-zeitung.de/index.php?id=33163

[xiv] http://www.pharmazeutische-zeitung.de/index.php?id=pharm7_22_2003

[xv] Kemmling D: Zink in der Dermatologie – Es lohnt stets den Versuch, Die Naturheilkunde, 4/2016: 29-30

[xvi] https://www.dge.de/wissenschaft/referenzwerte/zink/

[xvii]

http://onlinelibrary.wiley.com/doi/10.2903/j.efsa.2010.1796/abstracthttp://www.bfr.bund.de/cm/343/ver
wendung_von_mineralstoffen_und_vitaminen_in_lebensmitteln.pdf

[xviii] http://www.aerzteblatt.de/nachrichten/53373

[xix] https://www.deutsche-apotheker-zeitung.de/daz-az/2001/daz-50-2001/uid-5197

[xx] http://www.pharmazeutische-zeitung.de/index.php?id=28284

[xxi] http://www.efsa.europa.eu/de/efsajournal/pub/3653

[xxiii] https://www.ncbi.nlm.nih.gov/pmc/articles/PMC4012169/

[xxiv] http://www.pharmazeutische-zeitung.de/index.php?id=28284

[xxv] B. Gaßmann: *Ernährungs-Umschau* **50** (2003) 128-133

[xxvi] F. Thies, G. Nebe-von-Caron, J.R. Powell, P. Yaqoob, E.A. Newsholme, P.C. Calder: J Nutr. 2001
Jul;**131(7)**:1918-27

[xxvii] R.P. Bazinet, H. Douglas, E.G. McMillan, B.N. Wilkie, S.C. Cunnane: *Immunol Lett.* **95** (2004) 85-90

[xxviii] https://www.ncbi.nlm.nih.gov/pmc/articles/PMC4012169/

BEI GRIN MACHT SICH IHR WISSEN BEZAHLT

- Wir veröffentlichen Ihre Hausarbeit, Bachelor- und Masterarbeit

- Ihr eigenes eBook und Buch - weltweit in allen wichtigen Shops

- Verdienen Sie an jedem Verkauf

Jetzt bei www.GRIN.com hochladen und kostenlos publizieren